Ernst Probst

Die Hinkelstein-Gruppe

Eine Kulturstufe der Jungsteinzeit vor etwa 4.900 bis 4.800 v. Chr.

Impressum:
Die Hinkelstein-Gruppe
1. Auflage als Print-Buch: Mai 2019
Autor: Ernst Probst
Im See 11, 55246 Mainz-Kostheim
Telefon: 06134/21152
E-Mail: ernst.probst (at) gmx.de
Herstellung: Amazon Distribution GmbH, Leipzig
Alle Rechte vorbehalten
ISBN: 978-1098728564

Verziertes Tongefäß der Hinkelstein-Gruppe aus Worms in Rheinland-Pfalz.
Höhe 16,5 Zentimeter, größter Durchmesser 23,5 Zentimeter.
Original im Museum der Stadt Worms im Andreasstift.
Foto: Stadtarchiv Worms

Der Menhir („Hinkelstein") von Monsheim (Kreis Alzey-Worms) in Rheinland-Pfalz, nach dem das „Gewann Hinkelstein" benannt wurde, auf das der Begriff Hinkelstein-Gruppe zurückgeht.
Höhe etwa 2 Meter. Original im Schlosshof von Monsheim.
Foto: Rolf Ochßner, Worms

Vorwort

Einen ungewöhnlich klingenden Namen trägt die Hinkelstein-Gruppe (etwa 4.900–4.800 v. Chr.). Diese Kulturstufe der Jungsteinzeit ist nicht nach den Comic-Helden Asterix und Obelix benannt, wie man irrtümlich glauben könnte. Ihr Name beruht auf einem Gräberfeld im „Gewann Hinkelstein" von Monsheim (Kreis Alzey-Worms) in Rheinland-Pfalz, wo 1866 ein Gräberfeld einer bis dahin unbekannten Kulturstufe entdeckt wurde. Die Hinkelstein-Gruppe – auch Hinkelstein-Kultur genannt – war vor mehr als 6.800 Jahren in Teilen von Baden-Württemberg, Rheinland-Pfalz und Hessen heimisch. Sie gibt heute immer noch Rätsel auf. Wenig oder nichts weiß man über ihre Siedlungen, ihre Häuser, ihre Kleidung, ihr Verkehrswesen, ihre Kunst, ihre Musik und ihre Religion. Man hat sogar diskutiert, ob es sich bei dieser Gruppe um eine Sekte oder nur um ein Phantom handeln könnte. Das Taschenbuch „Die Hinkelstein-Gruppe" wurde von dem Wiesbadener Wissenschaftsautor Ernst Probst verfasst, der 1991 das Buch „Deutschland in der Steinzeit" veröffentlicht hat, das mehrere Auflagen erreichte. 2019 befasste er sich mit einzelnen Kulturen und Kulturstufen der Steinzeit.

Befestigte Siedlung von Ackerbauern und Viehzüchtern der Linienbandkeramischen Kultur (etwa 5.500–4.900 v. Chr.), die der Hinkelstein-Gruppe vorausging. Derartige Anlagen lassen auf unruhige Zeiten schließen.

Die Bilder auf den Seiten 6 und 7 zeigen die linke und rechte Hälfte eines Ölgemäldes von Fritz Wendler (1941–1995) für das Buch „Deutschland in der Steinzeit" (1991) von Ernst Probst.

*Wormser Arzt und Heimatforscher
Karl Koehl (1847–1929).
Foto: Aufnahme vor 1929*

Mit Rinderrippen ins Grab

Die Hinkelstein-Gruppe

In Südwestdeutschland ging aus der Linienbandkeramischen Kultur (etwa 5.500 bis 4.900 v. Chr.) die Hinkelstein-Gruppe hervor. Im Buch „Deutschland in der Steinzeit" (1991) des Wiesbadener Wissenschaftsautors Ernst Probst wird ihre Dauer mit etwa 4.900 bis 4.800 v. Chr. angeben. Dagegen ist im Online-Lexikon „Wikipedia" von etwa 5.000 bis 4.800 v. Chr. die Rede. Der Frankfurter Prähistoriker Walter Meier-Arendt untersuchte das Fundmaterial der Hinkelstein-Gruppe und teilte diese 1975 in drei Phasen ein.
Die Hinkelstein-Gruppe – auch Hinkelstein-Kultur genannt – war hauptsächlich in Teilen von Baden-Württemberg, Rheinland-Pfalz und Hessen verbreitet. Als Kerngebiete dieser Gruppe gelten die Gegend am Mittel- und Unterlauf des Neckars in Baden-Württemberg sowie das Gebiet von Rheinhessen zwischen Ludwigshafen im Süden sowie den Flüssen Rhein und Nahe im Norden von Rheinland-Pfalz. Die Hinkelstein-Gruppe wird als eine mit der Stichbandkeramischen Kultur verwandte Erscheinung betrachtet.
Der Name Hinkelstein-Gruppe geht auf den Arzt und Heimatforscher Karl Koehl (1847–1929) aus Worms zurück, der 1898 den Begriff Hinkelsteintypus vorschlug. Diese Bezeichnung erinnert an das 1866 beim Roden eines Feldes zur Anlage eines Weinberges in Monsheim (Kreis Alzey-Worms) im „Gewann Hinkelstein" entdeckte Gräberfeld. Dort stand ursprünglich ein überlebensgroßer Menhir (im Volksmund

*Hof des Schlosses von Monsheim,
auf dem der Menhir („Hinkelstein") heute noch steht.
Foto: Immanuel Giel / CC-BY-SA3.0
(via Wikimedia Commons),
lizensiert unter Creative-Commons-Lizenz sa-by-3.0-de,
https://creativecommons.org/licenses/by-sa/3.0/legalcode*

„Hinkelstein" genannt) mit einer Höhe von 9 Fuß sowie einer Dicke von 4 Fuß und 3 Zoll. Ein Teil davon war im Erdboden verborgen. Das Alter des Menhirs ist unbekannt. Höchstwahrscheinlich stammte er nicht aus derselben Zeit wie das Gräberfeld der Hinkelstein-Gruppe. Der in Meisenheim am Glan geborene Karl Koehl gilt als Pionier der Urgeschichtsforschung. Er studierte in Heidelberg, Marburg und Gießen Medizin. Nach dem Studium lebte er in Wien, unternahm aber auch jahrelang Reisen als Schiffsarzt. 1876 ließ er sich in Pfeddersheim als Arzt nieder und 1884 siedelte er nach Worms über. Koehl führte Ausgrabungen in Rheinhessen durch und publizierte die Funde. Die jungsteinzeitliche Hinkelstein-Gruppe und die frühzeitliche Adlerberg-Kultur (etwa 2.300/2.200–1800 v. Chr.) verdanken ihm ihren Namen.

Kurz vor der Rodung des Geländes in Monsheim (Gewann Hinkelstein) hob man den Menhir aus und brachte ihn in den Hof des Schlosses von Monsheim, wo er heute noch steht. Aus einem bestimmten Blickwinkel hat er menschenähnliche Gestalt. Die Funde aus Monsheim-Hinkelstein wurden durch den Mainzer Prähistoriker Ludwig Lindenschmit der Ältere (1809–1893) untersucht und 1868 beschrieben. Laut Lindenschmit hat man den Menhir zunächst als Hünenstein, dann als Hünerstein und schließlich entsprechend der Mundart als Hinkelstein bezeichnet.

Der gebürtige Mainzer Ludwig Lindenschmit wirkte von 1831 bis 1875 als Zeichenlehrer am Gymnasium Mainz und ab 1845 zusätzlich als Konservator des „Mainzer Altertumsvereins". 1852 gründete er das „Römisch-Germanische Zentralmuseum Mainz" („RGZM"). Inzwischen ist dies eine Forschungsstätte von Weltrang. Lindenschmit war zunächst erster Konservator

*Mainzer Prähistoriker Ludwig Lindenschmit
der Ältere (1809–1893).*
Foto: Illustrirte Zeitung, 1910 (via Wikimedia Commons),
Lizenz: gemeinfrei (Public domain)

des „RGZM", später Direktor. Er gab die Publikationsreihe „Altertümer unserer heidnischen Vorzeit" heraus. In der großen Bibliothek des „RGZM" durfte ich mit Erlaubnis von Generaldirektor Dr. Konrad Weidemann insgesamt zehn Jahre lang intensives Literaturstudium für meine Bücher „Deutschland in der Steinzeit" (1991) und „Deutschland in der Bronzezeit" (1996) betreiben. Von Montag bis Freitag arbeitete ich jeweils von 8 bis 9.45 Uhr vor Dienstbeginn in der Redaktion der „Allgemeinen Zeitung" („AZ") in Mainz, deren Verlagsgebäude sich damals nicht wenig davon entfernt befand, in der „RGZM"-Bibliothek. Wenn ich um 10 Uhr in der „AZ" eintraf, schwirrten mir oft noch komplizierte Beschreibungen steinzeitlicher oder bronzezeitlicher Funde durch den Kopf. Auf dem Flur im „RGZM" begegnete ich häufig einem vergesslichen Archäologen, der mich unzählige Male freundlich fragte, wie mein geplantes Buch heißen werde. Bereits am nächsten Tag hatte er das aber wieder vergessen.

Die Hinkelstein-Leute unterschieden sich anatomisch nicht von anderen Abkömmlingen der Linienbandkeramiker. Männer erreichten manchmal eine Körpergröße bis zu 1,75 Meter – wie ein Skelettfund aus Offenau (Kreis Heilbronn) in Baden-Württemberg zeigt – und Frauen bis zu 1,60 Meter. Die Bestattung von Offenau wurde am 2. Juni 1959 beim Ausheben einer Baugrube am „Alten Wimpfener Weg" entdeckt. Der damals in Tübingen wirkende Anthropologe Holger Preuschoft hat die Skelettreste untersucht. Mitunter fand man auch die Skelette von kleinwüchsigen Hinkelstein-Leuten. So war eine der beiden Frauen unter den fünf Bestattungen von Ditzingen (Kreis Böblingen) in Baden-Württemberg höchstens 1,40 Meter groß. Untersuchungen der Skelettreste vom Gräberfeld Trebur (Kreis Groß-Gerau) in Hessen zeigten, dass in dieser Gegend etwa ein Drittel der Frauen bereits zwischen dem 20. und 30. Lebensjahr starb. Ursache hierfür waren vor allem schwere körperliche Arbeit und Komplikationen bei der Geburt. Von den Männern erreichten 40,5 Prozent ein Alter über 50 Jahre, von den Frauen nur knapp ein Viertel. Ein 20-jähriger Hinkelstein-Mann konnte damit rechnen, 45,8 Jahre alt zu werden. Eine gleichaltrige Frau hatte nur eine Lebenserwartung von knapp 39 Jahren.

Die Skelettreste von den Gräberfeldern Worms-Rheingewann und Worms-Rheindürkheim ließen erkennen, dass auffällig viele Hinkelstein-Leute an Krankheiten litten, die durch einen Mangel an Vitaminen verursacht wurden. So kennt man aus Worms-Rheingewann und Worms-Rheindürkheim unter anderem Fälle von Rachitis (Vitamin-D-Mangel-Krankheit), Skorbut (Vitamin-C-Mangel-Krankheit) und Osteoporose (Knochenschwund). In Rheindürkheim wies man außerdem die Müller-Barlowsche Krankheit (Vitaminmangelkrankheit bei Kindern), Osteomalazie (Knochenerweichung) und Osteosklerose (Verhärtung des Knochengewebes) nach Karies wurde an zwei linken oberen Backenzähnen des erwähnten großen Mannes aus Offenau festgestellt.

Die Hinkelstein-Leute haben anscheinend keine Höhensiedlungen errichtet. Gar nicht selten legten sie ihre Siedlungen in Nähe von Flüssen an. Über ihre Wohnweise und Hausformen weiß man bisher wenig. Spärliche Funde von Hüttenlehm aus Ilsfeld und Laufen (beide Kreis Heilbronn) in Baden-Württemberg sowie aus Bad Kreuznach und Esselborn (Kreis Alzey-Worms) in Rheinland-Pfalz dokumentieren lediglich die längere Besiedlung eines Platzes. Vermutlich haben diese Menschen ähnliche Häuser wie die Angehörigen der Stichbandkeramischen Kultur (etwa 4.900–4.500 v. Chr.) erbaut und bewohnt.

Nach Berechnungen des Archäologen Walter Meier-Arendt wohnten durchschnittlich 60 Hinkelstein-Leute in einem Dorf. In der Gegend von Wiesbaden sind mehrfach Funde geborgen worden, die auf die Anwesenheit von Hinkelstein-Leuten hinweisen. 1891 entdeckte man bei der Untersuchung von zwei vorgeschichtlichen Gruben an der Mainzer Straße in Wiesbaden Scherben der Linienbandkeramischen Kultur, Hinkelstein-Gruppe, Rössener Kultur und Michelsberger Kultur. 1936 wurden in Wiesbaden-Erbenheim Scherben der Hinkelstein-Gruppe und Rössener Kultur gefunden. Ebenfalls 1936 barg man in der Sandgrube von Heinrich Koch bei Wiesbaden-Delkenheim Scherben der Hinkelstein-Gruppe. Dieser Fundort lag etwa 100 Meter von einer Fundstelle der Michelsberger Kultur entfernt, die im Dezember 1935 untersucht wurde. Zur Hinkelstein-Gruppe könnten auch die 1978 entdeckten unsicher datierten Siedlungsgruben von Langbauten und Bestattungen ohne Beigaben von Wiesbaden-Erbenheim (Tillpetersrech) gehören. 1999 stieß ein Hobby-Archäologe in Wiesbaden-Kloppenheim zufällig beim Hausbau auf Reste einer Siedlung der Hinkelstein-Gruppe. Eine Hockerbestattung in Wiesbaden-Dotzheim an der Erich-Ollenhauer-Straße könnte ebenfalls zur Hinkelstein-Gruppe zählen.

Wie fast allgemein bei den jungsteinzeitlichen Ackerbauern und Viehzüchtern üblich, spielte die Jagd auch bei den Hinkelstein-Leuten keine wichtige Rolle. Dass man gelegentlich mit Pfeil und Bogen einen Rothirsch erlegt hat, deuten durchlochte Hirschzähne aus Gräbern an. Hauptgrundlage der Ernährung waren angebautes Getreide und Linsen sowie geschlachtete Haustiere, zu denen das Rind, das Schwein, das Schaf und die Ziege zählten.

*Frau aus der Zeit der Hinkelstein-Gruppe
mit verschiedenen Schmuckstücken und verziertem Tongefäß
dieser Kulturstufe.
Zeichnung: Fritz Wendler (1941–1995)
für das Buch „Deutschland in der Steinzeit" (1991)
von Ernst Probst*

Funde von Steinwerkzeugen aus Amphibolit, Basalt und gebändertem Feuerstein sowie von Schmuckstücken aus *Spondylus*-Muscheln aus Gräbern der Hinkelstein-Gruppe lassen auf Fernverbindungen schließen, da diese Objekte ortsfremd sind. Sie deuten darüber hinaus auf im gewissen Umfang betriebene Tauschgeschäfte hin. Flüsse wie die Nahe, der Rhein und der Neckar, an deren Ufer die Menschen der Hinkelstein-Gruppe gebietsweise lebten, dürften mit Flößen oder Einbäumen überquert worden sein. Beispielsweise könnte aus der Lage des reichen Gräberfeldes von Worms-Rheingewann geschlossen werden, dass es an der – noch nicht gefundenen, aber gewiss nicht weit entfernt gelegenen – dazugehörigen Siedlung eine Fährstation gab. Die Anzeichen mehren sich, dass die Binnenschifffahrt schon in der Jungsteinzeit eine nicht zu unterschätzende Rolle für den Güteraustausch gespielt hat. So könnte die gewiss flussnahe Lage der Siedlung auch auf wirtschaftliche Motive zurückzuführen sein. Da in den Rheindörfern bis ins vorige Jahrhundert die Malaria grassierte, wird man auch für urgeschichtliche Zeiten voraussetzen dürfen, dass das Leben in flussnahen Siedlungen gesundheitlich nicht ungefährlich war. Tatsächlich weisen pathologische Veränderungen an den Skeletten von Worms-Rheingewann in diese Richtung.
Über die Kleidung der Hinkelstein-Leute weiß man nichts Konkretes. Man nimmt an, dass sie aus Tierleder oder Schafwolle oder Lein geschaffen war. V-förmige eingeschnittene *Spondylus*-Muscheln, wie man sie im Gräberfeld von Flomborn (Kreis Alzey-Worms) gefunden hat, dienten vielleicht als Bestandteile der Kleidung.
Die Hinkelstein-Gruppe unterscheidet sich durch eine große Zahl an Schmuckstücken von der vorhergehenden Linien-

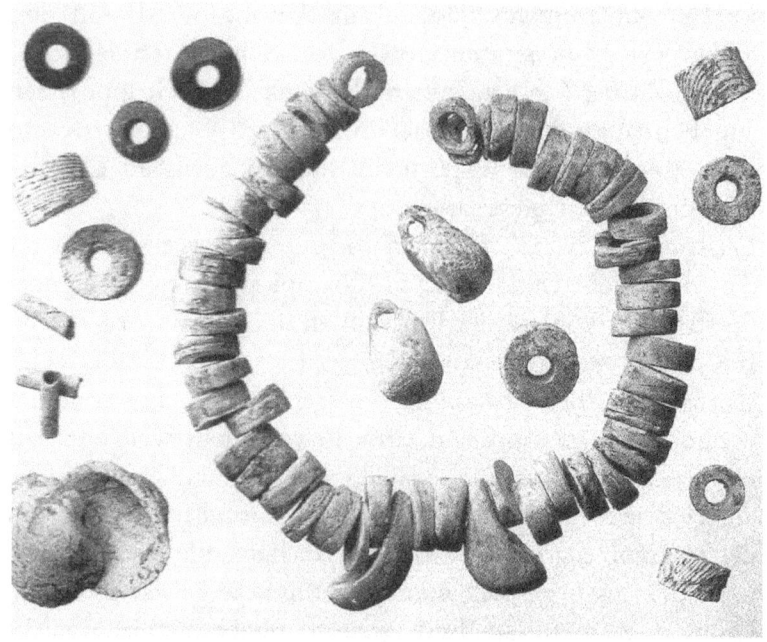

Schmuck aus dem Gräberfeld der Hinkelstein-Gruppe von Trebur (Kreis Groß-Gerau in Hessen). Durchmesser der Schmuckscheiben etwa 1 Zentimeter. Original im Hessischen Landesmusuem Darmstadt. Foto: Dr. Holger Göldner, Landesamt für Denkmalpflege Hessen, Außenstelle Darmstadt (Foto: Pavel Odvody)

bandkeramischen Kultur. Bekannt sind unter anderem Hals-, Arm- und Beinketten, Arm- und Beinreifen, Anhänger sowie roter Farbstoff für Schminkzwecke. Schmuck war vor allem bei Frauen beliebt. Man konnte aber auch in Männergräbern manche Schmuckstücke nachweisen. Als Bestandteile von Ketten dienten formschöne Muschel- und Schneckenschalen sowie durchlochte Eber- und Hirschzähne. Letztere waren so sehr geschätzt, dass man sogar Imitationen davon aus anderem Material anfertigte. Eine in Worms-Rheindürkheim bestattete Frau trug eine Halskette und eine um die Hüften geschlungene Kette. Ein in Offenau (Kreis Heilbronn) beerdigter Mann war mit einer Halskette aus durchlochten Hirschschneidezähne geschmückt. Neben seinem rechten Oberarm lag ein Rötelstein mit Schleifspuren, unter seinem linken Oberschenkel eine Schminkplatte, die sich zum Abreiben von Rötel eignete.

Nach einem Fund aus Rockenberg (Wetteraukreis) in Hessen zu schließen, haben die Hinkelstein-Leute ebenso wie die gleichzeitigen Angehörigen der Stichbandkeramischen Kultur (etwa 4.900–4.500 v. Chr.) und der Oberlauterbacher Gruppe (etwa 4.900–4.500 v. Chr.) menschengestaltige Tonfiguren geformt. Es handelt sich um ein 5,7 Zentimeter großes Kopffragment. An der Halsunterseite ist der Abdruck eines vierkantig zugeschliffenen Hölzchens zu erkennen, das 0,9 Zentimeter in den Hals bzw. den Kopf hineinreichte. Dieser Passstift diente dazu, den Anschluss des Kopf-Hals-Teiles am Körper zu stabilisieren. Einzelheiten des Kopfes wurden durch Einstiche in den Ton dargestellt. Sollte es eine stehende Figur gewesen sein, so war sie wohl insgesamt etwa 20 Zentimeter groß. Das tannenzweigartige Muster auf der Rückseite deutete vielleicht das Skelett an.

*Kopffragment einer menschengestaltigen Tonfigur aus Rockenberg (Wetteraukreis) in Hessen. Höhe 5,7 Zentimeter.
Original in der Sammlung von Dipl.-Ing. Peter Schöttler, Friedberg.
Foto: Dr. Olaf Höckmann, Römisch-Germanisches Zentralmuseum, Forschungsinstitut für Ur- und Frühgeschichte, Mainz*

Die Tongefäße der Hinkelstein-Gruppe wirken insgesamt dunkler als diejenigen der Linienbandkeramischen Kultur. Offenbar wurden sie bei niedrigen Temperaturen gebrannt. Daher macht diese Keramik heute häufig einen brüchigen, wenig haltbaren Eindruck. Vielleicht verwendete man bei der Herstellung dieses Geschirrs sandigen oder unreinen Ton. Die Töpfe (Kümpfe) und Becher wurden mit typischen Winkel-, Rauten- und Zweigmustern verziert. Eingeritzte und eingestochene Motive befinden sich oft nebeneinander.

Zum Steingeräte-Inventar der Hinkelstein-Gruppe gehörten vor allem Schuhleistenkeile und Flachkeile, die man aus Felsgestein zurechtschliff. Im Vergleich zur vorhergehenden Linienbandkeramischen Kultur stellte man mehr durchbohrte Werkzeugteile her, die man bequem mit Holzschäften versehen konnte. Die Schuhleistenkeile und Flachkeile dienten als Holzbearbeitungsgeräte beim Fällen von Bäumen sowie beim Haus- und Bootsbau. Außerdem gab es Klingen und Schaber aus Feuerstein, die mit Hilfe von Schlagsteinen geformt wurden. Solche Schlagsteine aus Feuerstein wurden häufig in Männergräbern gefunden. Früher nahm man an, diese Feuersteinknollen mit Schlagspuren seien zum Feuerschlagen benutzt worden. In Frauengräbern lagen vielfach Mahlsteine aus Sandstein, auf denen mit einem kleineren Stein Getreidekörner zerquetscht wurden.

Von den Waffen der Hinkelstein-Leute blieben nur die steinernen Pfeilspitzen erhalten. Sie belegen die Herstellung von Pfeil und Bogen.

Die Hinkelstein-Leute bestatteten ihre Toten unverbrannt in flachen Erdgräbern. In der Regel wurden die Verstorbenen in gestreckter Rückenlage sowie mit ausgestreckten Armen und Beinen zur letzten Ruhe gebettet. Damit und durch reichere

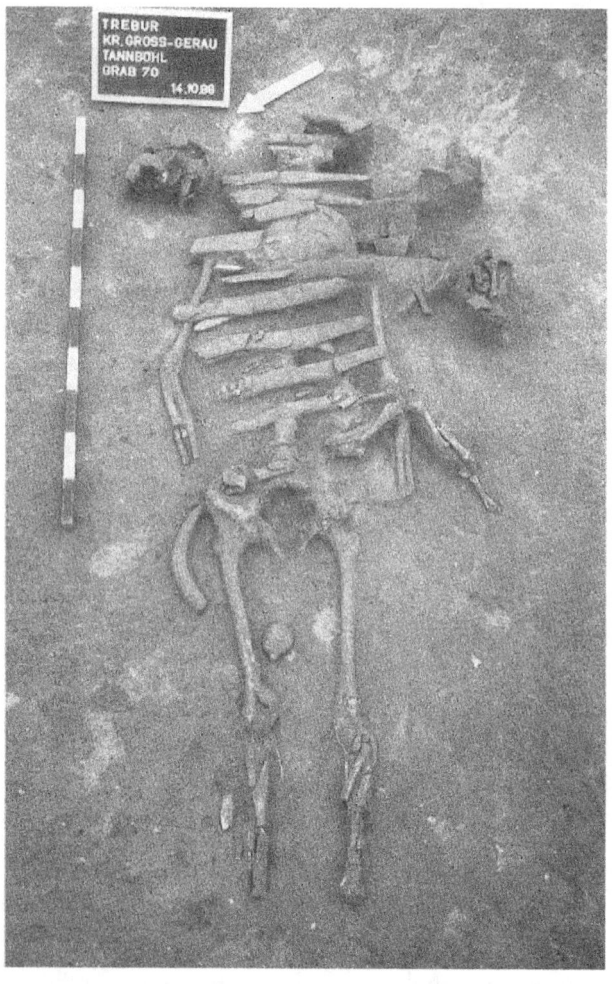

Bestattung eines erwachsenen Mannes von Trebur (Kreis Groß-Gerau) in Hessen mit Rinderrippen über dem Oberkörper.
Original im Hessischen Landesmuseum Darmstadt.
Foto: Dr. Holger Göldner, Landesamt für Denkmalpflege Hessen, Außenstelle Darmstadt (Foto: Pavel Odvody)

Beigaben unterschieden sie sich von den Bestattungen ihrer Vorgänger, den Bandkeramikern, die eine Hockerstellung bevorzugten. Das bisher größte Gräberfeld der Hinkelstein-Gruppe wurde 1988 und 1989 in Trebur (Kreis Groß-Gerau) in Südhessen aufgedeckt. Dort kamen bei Grabungen der Außenstelle Darmstadt der Denkmalpflege Hessen unter der Leitung des Prähistorikers Holger Göldner insgesamt mehr als 120 Gräber zum Vorschein. Davon werden etwa zwei Drittel der Hinkelstein-Gruppe und ein Drittel der zeitlich folgenden Großgartacher Gruppe zugerechnet.

In Trebur wurden bereits 1939/1940 bei Erdarbeiten zum Verlegen eines Kabels vier jungsteinzeitliche Gräber entdeckt. Diese gehörten zu der zeitlich auf die Hinkelstein-Gruppe folgenden Großgartacher Gruppe. Von 1971 bis 1975 kamen beim Pflügen an derselben Stelle fünf weitere Gräber zum Vorschein, von denen zwei der Hinkelstein-Gruppe zugerechnet werden. Der Heimatforscher Eugen Schinkel aus Astheim bei Trebur machte das „Landesamt für Denkmalpflege" auf die Fundstelle aufmerksam, worauf die erwähnten Grabungen von Holger Göldner erfolgten.

Vor einem der jungsteinzeitlichen Gräber aus Trebur habe ich 1991 für „SAT.1" mein erstes Fernsehinterview gegeben. Jenes Grab war damals in einer Ausstellung des „Hessischen Landesmuseums Darmstadt" („HLMD") aufgebaut worden. Mein Lampenfieber vor laufender Kamera war sehr stark, weswegen ich vermutlich viel zu schnell gesprochen habe. Die Fernsehleute behaupteten allerdings anschließend, es sei erfreulich, dass ich so kurze Sätze spräche und luden mich für den nächsten Tag zu einem ausführlichen Interview über mein neues Buch „Deutschland in der Steinzeit" ins Mainzer Studio des Senders ein. Nun lief das Interview merklich besser. Meine Frau kritisierte hinterher lediglich, ich hätte meine rechte Schuhsohle oft vor die Kamera gehalten.

Die Treburer Hinkelstein-Leute betteten ihre Verstorbenen allesamt so zur letzten Ruhe, dass deren Kopf im Südosten lag und die Füße nach Nordwesten wiesen. Bei einen Teil der Toten wurde der Oberkörper, manchmal aber auch der Kopf oder die Beine, mit Rinderrippen abgedeckt. Das Motiv hierfür kennt man nicht. Ein Hinkelstein-Mann ruhte auf einem kopflosen Haustier, vermutlich einem Schaf oder einer Ziege. Zu den größten Gräberfeldern der Hinkelstein-Gruppe zählen auch die von den bereits erwähnten Fundorten Monsheim-Hinkelstein, Worms-Rheingewann und Worms-Rheindürkheim in Rheinland-Pfalz. Sie sind nur jeweils sechs bis zehn Kilometer voneinander entfernt.

Auf dem Gräberfeld von Monsheim (Gewann Hinkelstein) wies man etwa 60 bis 70 Körpergräber nach. Angeblich umfasste dieses Gräberfeld ursprünglich 200 bis 300 Gräber, die bereits im 19. Jahrhundert zerstört wurden. Das Gräberfeld von Worms-Rheingewann wurde 1893 gefunden, als man auf einem Fabrikgelände Nebengebäude errichtete. Bei den Grabungen von Karl Koehl konnte man insgesamt 69 Körperbestattungen freilegen. Die Bestattungen lagen durchschnittlich in etwa 85 Zentimeter Tiefe. Das Gräberfeld von Worms-Rheindürkheim wurde im April 1898 kurz vor Ostern entdeckt. Dort barg Koehl insgesamt 32 Körperbestattungen in durchschnittlich 70 Zentimeter Tiefe. 1902 stieß man in Alzey („Im Grün") auf einen kleinen Friedhof mit 13 Bestattungen.

Die in Monsheim-Hinkelstein, Worms-Rheingewann und Worms-Rheindürkheim bestatteten Toten waren fast ausnahmslos streng von Südosten nach Nordwesten ausgerichtet, was offenbar ein Charakteristikum der Hinkelstein-Gruppe ist. Ihr Kopf lag im Südosten. Der Blick war nach Nordwesten gewandt und auch die Beine wiesen in diese Richtung. Die auffälligen Grabbeigaben sollten offenbar das Weiterleben im Jenseits angenehmer gestalten. Im Grab 11 von Alzey („Im Grün") beobachtete Karl Koehl, dass die Unterschenkel und Füße des Toten mit Rinderrippen überdeckt waren. Häufig legte man tönernes Ess- und Trinkgeschirr mit ins Grab. Als typische Beigaben in Männergräbern gelten vor allem Schuhleistenkeile, daneben Flachkeile, Feuersteingeräte, Klopfsteine und Rötelstücke zum Schminken. In Frauengräbern fand man neben Mahlsteinplatten und dazugehörigen Läufersteinen vielfach auch Hals- und Armschmuck.

Auf dem Gräberfeld von Trebur in Hessen ist das Frauengrab Nr. 63 besonders bemerkenswert. Darin war eine Hinkelstein-Frau bestattet, deren Gürtel mit 230 Hirschgrandeln geschmückt worden ist. Hirschgrandeln sind die beiden oberen Eckzähne des männlichen Hirsches. Die 230 Hirschgrandeln stammten also von 115 Hirschen. Als Gürtelschließe diente eine *Spondylus*-Muschelschale, die im Mittelmeer heimisch ist und als begehrtes Importgut gilt.

Besonders interessant ist die kleine Gräbergruppe von Ditzingen (Kreis Böblingen) in Baden-Württemberg mit insgesamt fünf Bestattungen. Ein Teil der dort beerdigten Menschen wies nämlich anatomische Merkmale der Hinkelstein-Gruppe auf, während die übrigen solche der Großgartacher Gruppe hatten. Demnach dürfte es manchmal Hochzeiten zwischen Angehörigen beider Gruppen gegeben haben.

Die Großgartacher Gruppe (etwa 4.800–4.600 v. Chr.) war in Teilen von Baden-Württemberg (Neckarland, Hegau), Bayern (Nördlinger Ries, Unterfranken), Rheinland-Pfalz (Pfalz,

*Heilbronner Arzt und Urgeschichtsforscher
Alfred Schliz (1849–1915).
Foto: Aufnahme vor 1877 (via Wikimedia Commons),
Lizenz: gemeinfrei (Public domain)*

Rheinhessen), Hessen (Main-Mündungsgebiet, Wetterau, Nordhessen), Nordrhein-Westfalen und im Elsass beheimatet.
Den Begriff Großgartacher Gruppe hat 1901 der Arzt und Urgeschichtsforscher Alfred Schliz (1849–1915) aus Heilbronn vorgeschlagen. Er beruht auf den Funden aus der Siedlung von Großgartach (Kreis Heilbronn) in Baden-Württemberg- Die Großgartacher Gruppe wird als Vorläuferin der Rössener Kultur (etwa 4.600–4.300 v. Chr.) betrachtet.
Karl Koehl und Alfred Schliz waren Ärzte und Urgeschichtsforscher. Jeder von ihnen hatte eine jungsteinzeitliche Kultur benannt: der eine die Hinkelstein-Gruppe, der andere die Großgartacher Kultur. Trotz dieser Gemeinsamkeiten „pflegten beide in aller Öffentlichkeit eine wissenschaftliche Feindschaft, sparten nicht mit Polemik und schonten sich auch sonst in keiner Weise". So die Leipziger Prähistorikerin Barbara Dammers 2003 in einem Vortrag im „Mittelrheinischen Landesmuseum" in Mainz anlässlich der Ausstellung „Leben und Sterben in der Steinzeit". Koehl und Schliz vertraten hinsichtlich Methode und Vorstellungen über die Abfolge jungsteinzeitlicher Kulturen unterschiedliche Auffassungen. Koehl bevorzugte Gräberfelder zur Definition einer archäologischen Kultur und Erstellung einer Chronologie. Dagegen spezialisierte sich Schliz auf Siedlungsgrabungen.
Karl Koehl vertrat folgende Chronologie der jungsteinzeitlichen Kulturen:
Ältere Winkelbandkeramik = Hinkelstein,
Jüngere Winkelbandkeramik = Rössen und bis 1909 auch Großgartach,
Großgartach (ab 1909/1910),
Bogenbandkeramik, späte Spiral(band)keramik,
dann Spiralmäanderkeramik = Linienbandkeramische Kultur.

Doch 1969 erkannte die Prähistorikerin Katharina Mauser-Goller folgende Chronologie:
Bandkeramik,
Hinkelstein,
Großgartach,
Rössen.
Damit wurde die alte Chronologie von Karl Koehl umgekehrt und jene von Alfred Schliz mehr als ein halbes Jahrhundert nach seinem Tod bestätigt.
Die bereits in anderem Zusammenhang erwähnte Bestattung von Offenau (Kreis Heilbronn) in Baden-Württemberg fällt durch ihre ungewöhnlich reichen Beigaben aus dem Rahmen des Üblichen. Außer einer Halskette mit Hirschschneidezähnen sowie einem Rötelstein und einer Schminkplatte hatte man diesem Mann auch etwa 50 Hornzapfen von meist jugendlichen Ziegen oder Schafen mit ins Grab gelegt. Diese Trophäen reichten vom Kopf bis zur rechten Hälfte der Leiche, bei der es sich wohl um einen Menschen handelte, der zu Lebzeiten eine besondere gesellschaftliche Stellung innehatte.
Über die Religion der Hinkelstein-Leute lässt sich wenig Konkretes sagen. Man nimmt an, dass es ein Fruchtbarkeitskult ähnlicher Art wie derjenige der Stichbandkeramischen Kultur war. Als Hinweis in dieser Richtung darf man vielleicht das tönerne Kopffragment in Rockenberg werten. Wenn dessen Datierung in die Hinkelstein-Gruppe zutrifft, haben auch die Angehörigen dieser Kulturstufe tönerne Menschenfiguren symbolisch getötet. Spuren von Heiligtümern unter freiem Himmel mit Doppelgräben sowie Hinweise auf Menschenopfer kennt man bisher allerdings nicht. Angesichts der Nachweise aus der zeitgleichen Stichbandkeramischen Kultur wären sie eigentlich zu erwarten.

Die in Deutschland, Österreich und Tschechien von Stichbandkeramikern geschaffenen Kreisgrabenanlagen (auch Rondelle genannt) waren etwas vorher noch nie Dagewesenes. Die Forschung hält sie für tempelartige Kultplätze unter freiem Himmel. Die größten unter ihnen hatten einen Durchmesser bis zu 150 Metern. Die Kreisgrabenanlagen waren von einem mehrere Meter tiefen und breiten Graben oder von zwei solchen Gräben umgeben. Jeder Graben wurde durch vier Erdbrücken unterbrochen, die in verschiedenen Himmelsrichtungen lagen. Diese Erdbrücken dienten als Zugänge zum Inneren der Anlage, das durch maximal fünf Palisadenringe vor neugierigen Blicken geschützt war. Auch die Palisadenringe besaßen an den Stellen, an denen die Erdbrücken auf sie trafen, jeweils einen Durchlass, also insgesamt deren vier. Das Zentrum der Anlage war unbebaut. Als Einzäunungen für Rinder oder andere Haustiere erschienen die Kreisgrabenanlagen den Prähistorikern viel zu aufwändig. Mussten doch für die größten von ihnen bis zu 5.000 Baumstämme gefällt und als Palisaden aufgerichtet sowie mehr als 5.000 Kubikmeter Erde bewegt werden. Die Orientierung der Erdbrücken und der Unterbrechungen in den Palisaden jeweils in vier Himmelsrichtungen bewog die Prähistoriker, diese Anlagen als Kultplätze zu deuten. Es ist jedoch unklar, ob sie als Observatorium zur Beobachtung grundlegender Kalenderperioden (Sonnenwende, Mondzyklen), als Versammlungsort des Rates der Familienältesten oder als Schauplatz von kultischen Riten dienten.

2009 löste der Beitrag mit der spannenden Überschrift „Die Hinkelstein-Gruppe – Kulturgruppe – Sekte? – Phantom" von Jan Christoph Breitwieser eine interessante Diskussion aus. Man fragte sich, ob die Hinkelstein-Gruppe nur eine kurzfristige Übergangserscheinung sei, die wie eine Sekte für eine neue

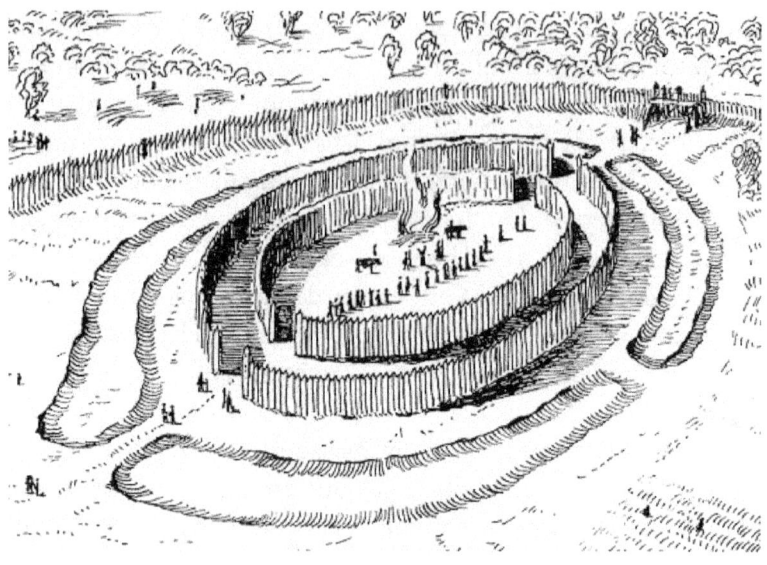

*Heiligtum zur Zeit der Oberlauterbacher Gruppe
(etwa 4.900–4.500 v. Chr) in Bayern.
Zeichnung: Fritz Wendler (1941–1995)
für das Buch „Deutschland in der Steinzeit" (1991)
von Ernst Probst*

Bestattungssitte eingetreten sei. Es könnte sich um eine andere Gesellschaftsform, eine Art Subkultur gehandelt haben, die gegenüber Fremden aufgeschlossener gewesen sei als die traditionsgebundenen Bandkeramiker. Wenn ich das Wort Hinkelstein-Gruppe oder Hinkelstein-Kultur lese oder höre, fällt mir immer sofort eine Begebenheit ein, als ich in den 1980er Jahren als junger Journalist in meiner Freizeit populärwissenschaftliche Artikel über neue Entdeckungen schrieb. Einmal schickte ich einen kurzen Text über einen interessanten Neufund der jungsteinzeitlichen Hinkelstein-Gruppe an die Wissenschaftsredaktion der Wochenzeitung „Die Zeit" in Hamburg. Daraufhin rief mich ein „Zeit"-Redakteur an und erklärte, eine Hinkelstein-Gruppe oder Hinkelstein-Kultur habe es nie gegeben. Meine Erklärung, der Name Hinkelstein-Gruppe oder Hinkelstein-Kultur habe nichts mit den „Hinkelsteinen" (Menhiren) der Comic-Helden Asterix und Obelix zu tun, sondern mit einem Gewann Hinkelstein im rheinhessischen Monsheim. interessierte den Redakteur nicht. Der betreffende Text erschien nicht in der renommierten „Zeit". Von einem Redakteur der „Zeit" hätte ich erwartet, dass er in Hamburg einen Archäologen oder Prähistoriker fragt, ob eine Hinkelstein-Gruppe oder Hinkelstein-Kultur existiert hatte. Mein Respekt vor diesem Blatt sank spürbar. Aber auch in der „Zeit-Redaktion" interessierte man sich fortan weiterhin wenig für meine Arbeit. Meine Bücher „Deutschland in der Urzeit" (1986), „Deutschland in der Steinzeit" (1991) und „Deutschland in der Bronzezeit" (1996), die mehrere Auflagen erreichten, wurden in der „Zeit" nur kurz oder gar nicht erwähnt.

Wissenschaftsautor Ernst Probst,
Foto: Klaus Benz, Fotograf, Mainz-Kostheim

Der Autor

Ernst Probst, geboren am 20. Januar 1946 in Neunburg vorm Wald im bayerischen Regierungsbezirk Oberpfalz, ist Journalist und Wissenschaftsautor. Er arbeitete von 1968 bis 1971 bei den „Nürnberger Nachrichten", von 1971 bis 1973 in der Zentralredaktion des „Ring Nordbayerischer Tageszeitungen" in Bayreuth und von 1973 bis 2001 bei der „Allgemeinen Zeitung", Mainz. In seiner Freizeit schrieb er Artikel für die „Frankfurter Allgemeine Zeitung", „Süddeutsche Zeitung", „Die Welt", „Frankfurter Rundschau", „Neue Zürcher Zeitung", „Tages-Anzeiger", Zürich, „Salzburger Nachrichten", „Die Zeit", „Rheinischer Merkur", „Deutsches Allgemeines Sonntagsblatt", „bild der wissenschaft", „kosmos", „Deutsche Presse-Agentur" (dpa), „Associated Press" (AP) und den „Deutschen Forschungsdienst" (df). Aus seiner Feder stammen die Bücher „Deutschland in der Urzeit" (1986), „Deutschland in der Steinzeit" (1991), „Rekorde der Urzeit" (1992), „Dinosaurier in Deutschland" (1993 zusammen mit Raymund Windolf) und „Deutschland in der Bronzezeit" (1996). Von 2001 bis 2006 betätigte sich Ernst Probst als Buchverleger sowie zeitweise als internationaler Fossilienhändler und Antiquitätenhändler. Insgesamt veröffentlichte er mehr als 300 Bücher, Taschenbücher, Broschüren und über 300 E-Books.

Ernst Probst

ÖSTERREICH
in der Altsteinzeit

Jäger und Sammler
vor 250.000 bis 10.000 Jahren

Ernst Probst

Die
Michelsberger
Kultur

Eine Kultur der Jungsteinzeit
vor etwa 4.300 bis 3.500 v. Chr.

Bücher von Ernst Probst

(Auswahl)

Als Mainz noch nicht am Rhein lag
Archaeopteryx. Die Urvögel in Bayern
Christl-Marie Schultes. Die erste Fliegerin in Bayern
(zusammen mit Theo Lederer)
Der Europäische Jaguar
Der Mosbacher Löwe. Die riesige Raubkatze aus Wiesbaden
Der Rhein-Elefant. Das Schreckenstier von Eppelsheim
Der Schwarze Peter. Ein Räuber im Hunsrück und Odenwald
Der Ur-Rhein. Rheinhessen vor zehn Millionen Jahren
Deutschland im Eiszeitalter
Deutschland in der Frühbronzezeit
Deutschland in der Mittelbronzezeit
Deutschland in der Spätbronzezeit
Die Aunjetitzer Kultur in Deutschland
Die Straubinger Kultur in Deutschland
Die Singener Gruppe
Die Arbon-Kultur in Deutschland
Die Ries-Gruppe und die Neckar-Gruppe
Die Adlerberg-Kultur
Der Sögel-Wohlde-Kreis
Die nordische Bronzezeit in Deutschland
Die Hügelgräber-Kultur in Deutschland
Die ältere Bronzezeit in Nordrhein-Westfalen
Die Bronzezeit in der Lüneburger Heide

Die Stader Gruppe
Die Oldenburg-emsländische Gruppe
Die Urnenfelder-Kultur in Deutschland
Die ältere Niederrheinische Grabhügel-Kultur
Die Unstrut-Gruppe
Die Helmsdorfer Gruppe
Die Saalemündungs-Gruppe
Die Lausitzer Kultur in Deutschland
Die Dolchzahnkatze Megantereon
Die Dolchzahnkatze Smilodon
Die Säbelzahnkatze Homotherium
Die Säbelzahnkatze Machairodus
Die Schweiz in der Frühbronzezeit
Die Rhône-Kultur in der Westschweiz
Die Arbon-Kultur in der Schweiz
Die Schweiz in der Mittelbronzezeit
Die Schweiz in der Spätbronzezeit
Dinosaurier von A bis K. Von Abelisaurus bis zu Kritosaurus
Dinosaurier von L bis Z. Von Labocania bis zu Zupaysaurus
Der rätselhafte Spinosaurus. Leben und Werk des Forschers Ernst Stromer von Reichenbach
Eiszeitliche Geparde in Deutschland
Eiszeitliche Leoparden in Deutschland
Frauen im Weltall
Hildegard von Bingen. Die deutsche Prophetin
Höhlenlöwen. Raubkatzen im Eiszeitalter
Julchen Blasius. Die Räuberbraut des Schinderhannes
Johann Jakob Kaup. Der große Naturforscher aus Darmstadt
Königinnen der Lüfte
Königinnen der Lüfte in Deutschland

Königinnen der Lüfte in Europa
Königinnen der Lüfte in Frankreich
Königinnen der Lüfte in England und Australien
Königinnen der Lüfte in Amerika
Königinnen der Lüfte von A bis Z
Königinnen des Tanzes
Malende Superfrauen
Meine Worte sind wie die Sterne Die Entstehung der Rede des Häuptlings Seattle (zusammen mit Sonja Probst, verheiratete Werner)
Monstern auf der Spur. Wie die Sagen über Drachen, Riesen und Einhörner entstanden
Neues vom Ur-Rhein. Interview mit dem Geologen und Paläontologen Dr. Jens Sommer
Österreich in der Frühbronzezeit
Österreich in der Mittelbronzezeit
Österreich in der Spätbronzezeit
Pompadour und Dubarry. Die Mätressen von Louis XV.
Raub-Dinosaurier von A bis Z. Mit Zeichnungen von Dmitry Bogdanav und Nobu Tamura
Rekorde der Urmenschen. Erfindungen, Kunst und Religion
Rekorde der Urzeit. Landschaften, Pflanzen und Tiere
Säbelzahnkatzen. Von Machairodus bis zu Smilodon
Säbelzahntiger am Ur-Rhein. Machairodus und Paramachairodus
Superfrauen aus dem Wilden Westen
Superfrauen 1 – Geschichte
Superfrauen 2 – Religion
Superfrauen 3 – Politik
Superfrauen 4 – Wirtschaft und Verkehr
Superfrauen 5 – Wissenschaft

Superfrauen 6 – Medizin
Superfrauen 7 – Film und Theater
Superfrauen 8 – Literatur
Superfrauen 9 – Malerei und Fotografie
Superfrauen 10 – Musik und Tanz
Superfrauen 11 – Feminismus und Familie
Superfrauen 12 – Sport
Superfrauen 13 – Mode und Kosmetik
Superfrauen 14 – Medien und Astrologie
Tony und Bruno Werntgen. Zwei Leben für die Luftfahrt (zusammen mit Paul Wirtz)
Was ist ein Menhir? Interview mit dem Mainzer Archäologen Dr. Detert Zylmann
Wer ist der kleinste Dinosaurier? Interviews mit dem Wissenschaftsautor Ernst Probst
Wer war der Stammvater der Insekten? Interview mit dem Stuttgarter Biologen und Paläontologen Dr. Günther Bechly
6000 Jahre Kastel. Von der Steinzeit bis zum 21. Jahrhundert (zusammen mit Doris Probst)
Kastel in der Vorzeit. Von der Jungsteinzeit bis Christi Geburt (zusammen mit Doris Probst)
5000 Jahre Kostheim. Von der Steinzeit bis zum 21. Jahrhundert (zusammen mit Doris Probst)
Kostheim in der Vorzeit. Von der Jungsteinzeit bis Christi Geburt (zusammen mit Doris Probst)
Kostheim in der Vorzeit. Von der Jungsteinzeit bis Christi Geburt
Wiesbaden in der Steinzeit
Die Altsteinzeit. Eine Periode der Steinzeit in Europa vor etwa 1.000.000 bis 10.000 Jahren
Die Altsteinzeit in Österreich. Jäger und Sammler vor 250.000 bis 10.000 Jahren

Die Mittelsteinzeit. Eine Periode der Steinzeit vor etwa 8.000
bis 5.000 v. Chr.
Die Jungsteinzeit. Eine Periode der Steinzeit vor etwa 5.500
bis 2.300 v. Chr.
Das Moustérien in Österreich
Das Aurignacien. Eine Kulturstufe der Altsteinzeit vor etwa
35.000 bis 29.000 Jahren
Das Aurignacien in Österreich
Das Gravettien. Eine Kulturstufe der Altsteinzeit vor etwa
28.000 bis 21.000 Jahren
Das Gravettien in Österreich
Das Magdalénien. Die Blütezeit der Rentierjäger vor etwa
15.000 bis 11.500 Jahren
Das Magdalénien in Österreich
Die Hamburger Kultur. Eine Kulturstufe der Altsteinzeit
vor etwa 15.000 bis 14.000 Jahren
Die Federmesser-Gruppe. Eine Kulturstufe der Altsteinzeit
vor etwa 12.000 bis 10.700 Jahren
Das Jungacheuléen in Österreich
Das Moustérien in Österreich
Das Aurignacien in Österreich
Das Magdalénien in Österreich
Die Mittelsteinzeit. Eine Periode der Steinzeit vor etwa 8.000
bis 5.000 v. Chr.
Die Mittelsteinzeit in Baden-Württemberg
Die Mittelsteinzeit in Bayern
Die Mittelsteinzeit in Nordrhein-Westfalen
Die Ertebølle-Ellerbek-Kultur. Eine Kultur der Jungsteinzeit
vor etwa 5.000 bis 4.300 v. Chr.
Die Stichbandkeramik. Eine Kultur der Jungsteinzeit vor
etwa 4.900 bis 4.500 v. Chr.

Die Hinkelstein-Kultur. Eine Kultur der Jungsteinzeit vor etwa 4.900 bis 4.800 v. Chr.
Die Rössener Kultur. Eine Kultur der Jungsteinzeit vor etwa 4.600 bis 4.300 v. Chr.
Die Michelsberger Kultur. Eine Kultur der Jungsteinzeit vor etwa 4.300 bis 3.500 v. Chr.
Die Salzmünder Kultur. Eine Kultur der Jungsteinzeit vor etwa 3.700 is 3.200 v. Chr.
Die Wartberg-Kultur. Eine Kultur der Jungsteinzeit vor etwa 3.500 bis 2.800 v. Chr.
Die Walternienburg-Bernburger Kultur. Eine Kultur der Jungsteinzeit vor etwa 3.200 bis 2.800 v. Chr.
Die Kugelamphoren-Kultur. Eine Kultur der Jungsteinzeit vor etwa 3.100 bis 2.700 v. Chr.
Die Glockenbecher-Kultur. Eine Kultur der Jungsteinzeit vor etwa 2.500 bis 2.200 v. Chr.

www.ingramcontent.com/pod-product-compliance
Lightning Source LLC
Chambersburg PA
CBHW072305170526
45158CB00003BA/1200